真是令人大开眼界呀！

01 大脑

[法] 安娜 - 贝内迪克特 · 施维贝尔 编　章婵 译

中信出版集团 | 北京

图书在版编目（CIP）数据

真是令人大开眼界呀！. 01, 大脑 / (法) 安娜 - 贝内迪克特 · 施维贝尔编；章婵译. -- 北京：中信出版社，2023.11
ISBN 978-7-5217-5850-4

Ⅰ. ①真… Ⅱ. ①安… ②章… Ⅲ. ①科学知识 - 儿童读物②脑科学 - 儿童读物 Ⅳ. ① Z228.1 ② R338.2-49

中国国家版本馆 CIP 数据核字（2023）第 120253 号

真是令人大开眼界呀！ 01 大脑

编　　者：[法] 安娜 - 贝内迪克特 · 施维贝尔
译　　者：章婵
出版发行：中信出版集团股份有限公司
（北京市朝阳区东三环北路27号嘉铭中心　邮编　100020）
承 印 者：北京尚唐印刷包装有限公司

开　　本：889mm × 1194mm　1/16　　印　　张：2.75　　字　　数：66千字
版　　次：2023年11月第1版　　印　　次：2023年11月第1次印刷
京权图字：01-2023-1613
书　　号：ISBN 978-7-5217-5850-4
定　　价：398.00元（全20册）

出　　品：中信儿童书店
图书策划：小飞马童书
总 策 划：赵媛媛
策划编辑：白雪
责任编辑：许美琳
营　　销：中信童书营销中心
美术设计：谢佳静
内文排版：王莹

目 录

第一部分 故事篇 / 2

第二部分 游戏篇 / 18

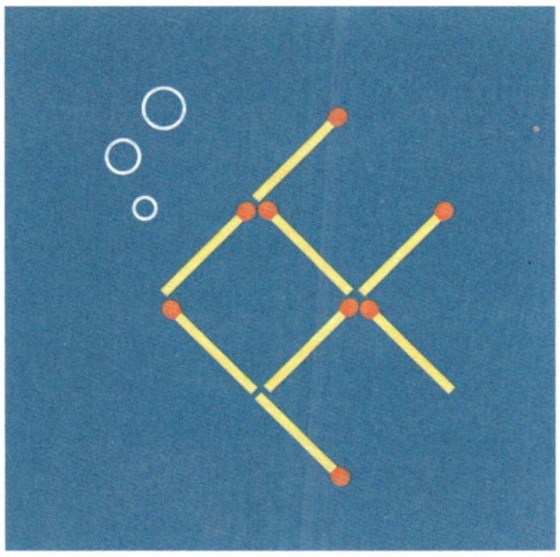

第三部分 五花八门 / 32

我是乔治，我出现在书中的各处，准备和你一起阅读。

■ 长故事 ■

今天真是风平浪静啊，对吧，皮普？
就是啊，真奇怪！
塞巴斯蒂安·图阿什 著
皮普和吉鲁：
两个神经元的日常冒险
来吧……
将军！
哦，不要！又输了。你太厉害了，吉鲁。

哔——
红色警报！
哔哔！
啊，来得真巧……
悠闲的时光到此结束。
我不能睡午觉了！
主人需要我们！
哔——
红色警报！
哔哔！
保持冷静，皮普。我来处理！
什么风把你吹来了，亲爱的突触女士？
哔！
哔！
警报，大脑皮质大人想见你们！
哔！
哔！
快！我们去设备室！

加快脚步，
皮普！
哔！哔！哔！

我们到了……
开始行动！
大脑皮质大人，
至高无上的智慧守护者，
我们听候您的吩咐。

你们好，先生们！
主人需要你们，
神经元。
他被一道题难住了，你们必须全力以赴！
好的，大脑皮质大人，
不要着急。
把题目告诉
我们吧！

能弄乱头发，但是没有手。能吹口哨，但是没有嘴。能跑，但是没有腿。
能扫地，但是没有胳膊。这是指谁？
哇啊！
好难哟……
皮普，我去常识馆。
好嘞，没问题。
我去记忆厅。
常识馆
嗯……
辞书中什么都
找不到。

与此同时，皮普来到了记忆厅。
我再怎么全神贯注也没用……什么都没有，记忆里一片空白。
必须通知吉鲁。
嗒嗒
吉鲁
吉鲁，记忆厅这边一无所获。
你那边怎么样？
我这边也毫无进展，我亲爱的皮普。
现在只剩下最后一件事情可做了。
赶紧到情绪部与我会合！

不一会儿，皮普和吉鲁来到了情绪部。
好吧，皮普，这是我们找到答案的最后机会了！你看，主人的情绪乱成一团！
如果我们把这些情绪稍微整理一下，也许答案会自己跳出来……
紧张
兴奋
恐惧
害羞

紧张君，冷静点儿！信任君去哪里了？
冷静！
紧张
哦，工作量太大了，吉鲁，我要做个三明治犒劳一下自己。
肉酱味的。
撑住，老兄！

一分钟后……
根本没办法理清这些繁杂的
情绪，它们太激动了！
呃，我感觉不太舒服，吉鲁……
我可能肉酱吃多了。
噗！
哎呀，
不好意思。
我知道了！
干得漂亮，皮普！
过来，我们上去找大脑
皮质大人！
害
羞
兴奋
哦不，我现在恶心得
想吐……

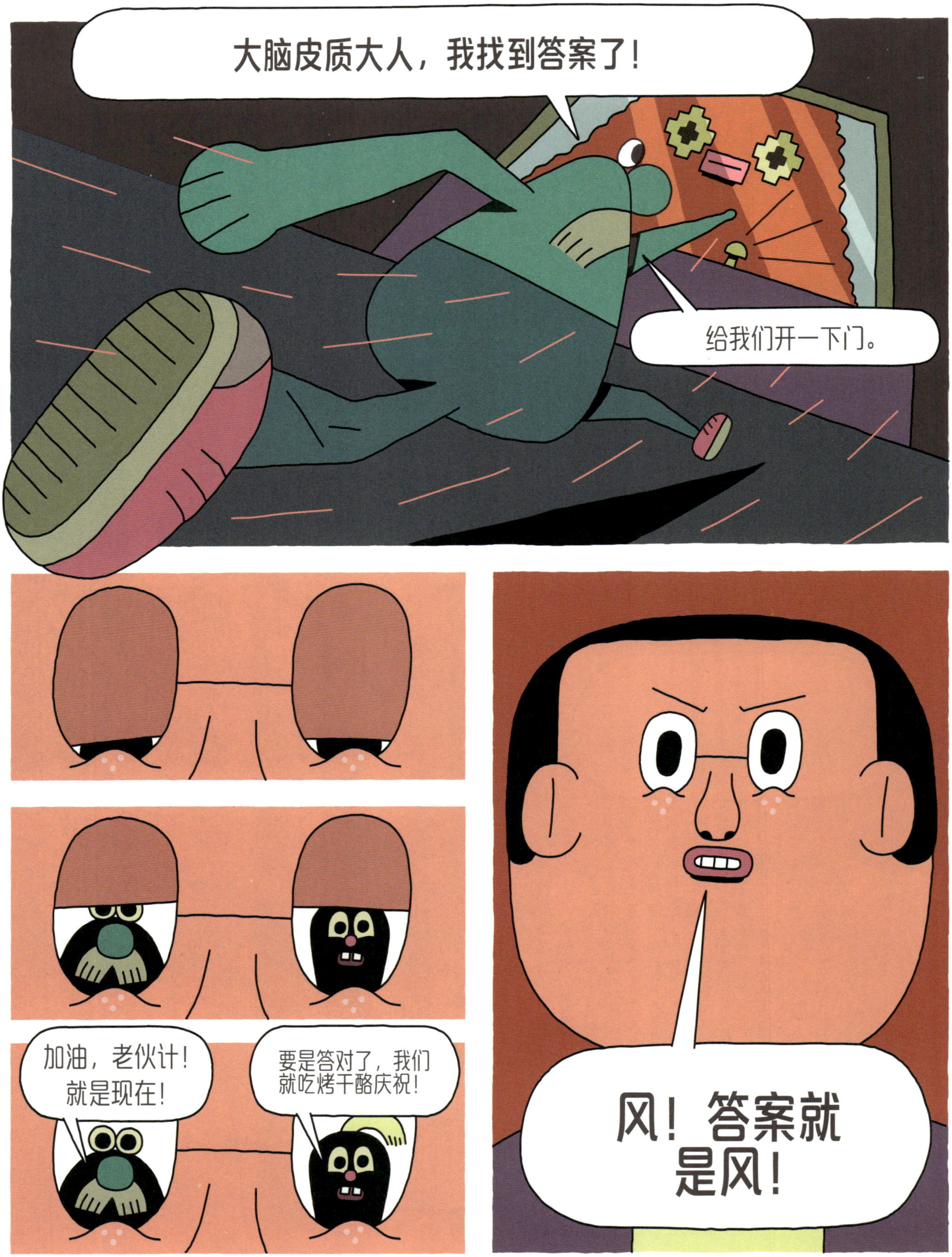
大脑皮质大人，我找到答案了！
给我们开一下门。
加油，老伙计！就是现在！
要是答对了，我们就吃烤干酪庆祝！
风！答案就是风！

祝贺这位选手，
回答正确！
您赢得了我们的
年度大奖！
削皮刀。
哈哈！
超级
问答
太感谢了！
我要感谢我的家人，节目组的所有工作人员，
还有……
尤其要感谢皮普和吉鲁。
这是大脑皮质神经元的又一次胜利！
完

采访布拉德福德·穆斯唐

文本与绘图：塞巴斯蒂安·图阿什

在布拉德福德·穆斯唐位于维祖耳山顶的漂亮别墅里，乔治见到了他本人。在《皮普和吉鲁：两个神经元的日常冒险》的结尾，布拉德福德扮演了富加思老爹的助手一角。他本来可以拿到主角的戏份，但他更喜欢这个配角。这个年轻的演员（他有英国血统，因为他的爸爸是英国人）梦想在电视荧屏上大放光彩！

99 **您在这个故事里扮演了一个小角色，但是听说您通过了主角皮普的试镜，这是真的吗？**

布拉德福德 是的，制作方一直坚持让我扮演皮普，但我没有同意。因为那个时候我正忙着训练小矮马，没有时间。而且老实说，我不是很感兴趣。

我最想做的，是成为电视购物节目的主持人。但没人给我机会，尽管我在这个领域表现得也很棒。这也是我接受饰演皮普和吉鲁故事中富加思老爹助手这个角色的原因。我希望这次参演能为我赢得一个机会，让电视购物节目的制作人们发现我。不管怎样，我在这个故事中光芒四射，毫不夸张地说我占据了整个屏幕，您不觉得吗？

99 **确实，您非常成功地展示了削皮刀这个奖品。您对日常用品的热爱从何而来？**

布拉德福德 我的心理医生跟我说，这源自我的童年。我的妈妈一直喜欢收集不值钱的玩意儿。她的这种兴趣爱好也影响了我。

99 **说回《皮普和吉鲁》。在国际上大获成功之后，这个故事真的会推出新的剧集吗？**

布拉德福德 关于这件事情，我无可奉告，因为我必须遵守保密协议。您也知道，当我们筹备续集的时候，应该保留悬念，不能透露太多。不管怎样，我能告诉您的就是，那将会非常精彩！

99 **现在我们来谈谈您自己。您未来有什么计划吗？**

布拉德福德 工作方面，就像我刚刚跟您说的，我真的特别希望成为全职的电视购物节目主持人，如果能登上法国二台，那就太棒了。但我并不过分奢求，我知道电视界跟电影界不一样。此外，我还作为竖笛演奏者报名参加了《声音》节目，但已经被淘汰了。

电视
明星

邦比和高里

心灵感应头罩

文本与绘图：玛丽·诺维昂

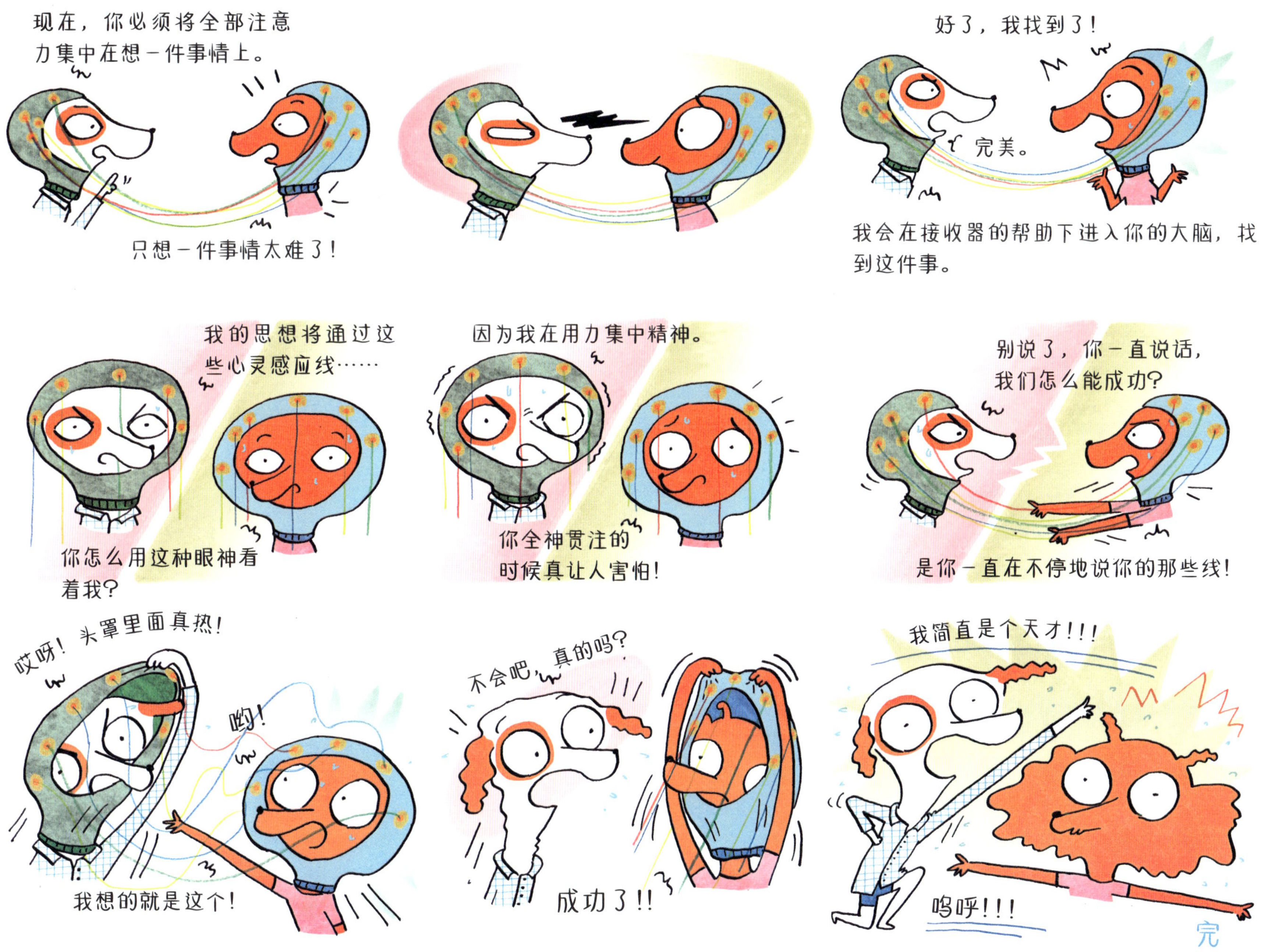
现在，你必须将全部注意力集中在想一件事情上。
只想一件事情太难了！
好了，我找到了！
完美。
我会在接收器的帮助下进入你的大脑，找到这件事。
我的思想将通过这些心灵感应线……
你怎么用这种眼神看着我？
因为我在用力集中精神。
你全神贯注的时候真让人害怕！
别说了，你一直说话，我们怎么能成功？
是你一直在不停地说你的那些线！
哎呀！头罩里面真热！
哟！
我想的就是这个！
不会吧，真的吗？
成功了！！
我简直是个天才！！！
呜呼！！！
完

天才的青年时代

文本：樊尚·雅多 绘图：塞维里·米耶

波琳娜很为儿子爱因斯坦担心。她害怕他那椭圆形的脑袋意味着智力低下。爱因斯坦三岁多才开始讲话。在学校里，他个子小，几乎不怎么跟同学们一起玩，总是安静地待在一边……她觉得这个孩子可能有点问题。

爱因斯坦的爸爸和他的叔叔开了一家电器工厂。他的妈妈非常喜欢音乐。一家人与爱因斯坦的叔叔一起生活。他的叔叔是一名工程师，他在爱因斯坦的生命里扮演了一个非常重要的角色。叔叔在爱因斯坦五岁生日那天，送给他一个指南针。多么奇妙的想法！这个小玩意儿让小侄子着了迷：到底是哪种神秘的力量让针尖不管我们怎么转动，永远指着一个方向？

探索这个谜题的过程让爱因斯坦很快就爱上了数学。他意识到这门科学可以帮他解开这个甚至其他更多的谜。

六岁那年，在父母的督促下，爱因斯坦开始学习小提琴。刚开始的时候他没什么兴趣，直到有一天，他听到了莫扎特和贝多芬的奏鸣曲，从那以后他再也没有放弃演奏小提琴和钢琴，直至生命的尽头。在后来的科学研究中，每次遇到困难，爱因斯坦都会弹弹钢琴或拉拉小提琴，借此来缓解压力，从而有助于解决问题。

渐渐长大的爱因斯坦还是爱幻想，还是那么冒失，他的学习成绩也有点让人失望，除了数学。在与别人的沟通上，他也一直存在一些障碍。据他的妹妹说，他在说话之前总要先默默地练习几次。然而他并非腼腆，只是不喜欢老师的权威。他第一个真正的朋友比他年长，是朋友让他开始阅读科学书籍。此后，对几何和哲学的热爱让他忘记了玩耍。

十五岁的时候，爱因斯坦放弃了继续在德国读中学，去了家人所在的意大利。由于优异的数学和物理成绩，他被久负盛名的瑞士苏黎世联邦理工学院录取。渐渐地，他终于对学习感兴趣了，也有了一些朋友。他们相处融洽，大家都喜欢爱因斯坦的幽默。他说过一些非常有名的话，例如：“世上只有两样东西是无止境的：宇宙，以及人类的愚蠢。”

最终，这个固执、腼腆、内向的学生成为人类历史上最伟大的科学家之一。由于发现了光电效应定律，他获得了诺贝尔物理学奖。人们利用这一原理将太阳能转化为电能，如太阳能电池发电。

而更让他出名的则是广为人知，但只有少数人能深入浅出地解释明白的质能关系式：$E=mc^2$。这个理论我们称之为相对论力学。质能关系式对后来发展的原子能事业起到了指导作用。爱因斯坦去世后，他的大脑被保存起来进行研究。

E
=
m
c
2

■ 游戏1 ■

井然有序的器官

绘图：安东尼奥·雨维

乔治有时会看一个名为《Bingo大脑！》的节目。

A. 以下是今晚选手们要答的四个谜题。请借助下面图标的提示，解开这些谜题。

谜题一： 我是布满褶皱的大脑表层，处理各种思维活动。人们叫我大脑皮质，我还有另外一个名字叫大脑皮层，拼音是 

谜题二： 我是坚硬的骨质容器，可以保护大脑，我是颅骨，拼音是 

谜题三： 人脑有约1000亿个神经元，神经元之间通过突触相连。神经元的拼音是

谜题四： 我们也可以保护脑，我们位于脑和颅骨之间，我们是脑膜，拼音是 

B. 观察左图，在主持人的上方有一个用不同颜色区分出不同部位的人脑，这四个区域都属脑叶。要想拼出它们的正确拼音，请先画掉所有的a、u和w，再拼一拼吧。

1 **额叶** wae yue

处理诸如愿望等思维活动的区域。

2 **顶叶** diung yaea

处理诸如计算等思维活动的区域。

3 **颞叶** nuiea yae

处理诸如记忆等思维活动的区域。

4 **枕叶** zhean yuew

处理诸如认知形状和颜色等思维活动的区域。

C. 乔治在观察左图中选手时发现，每个人的面部表情都传达着不同的情绪。根据主持人的介绍猜猜说的是谁。

a. “他来自罗昂，他一直惊讶自己居然能入选，他就是马丁！”

选手编号： ______

b. “她有一点儿伤心，因为朋友们不能陪在她身边，让我们为来自里摩日的米娅打打气！”

选手编号： ______

c. “他有点儿害怕电视舞台，但我相信你们能让他放下心来，他就是佩皮尼扬的汤姆！”

选手编号： ______

d. “能来到这里她特别开心，她就是诺亚芒提亚岛的伊维特。”

选手编号： ______

e. “开拍前吃的薯片让他感到有点儿想吐，他就是来自里尔的马克！”

选手编号： ______

f. “她非常生气，因为昨天输掉了第一局。让我们掌声欢迎来自鲁昂的玛尔达！”

选手编号： ______

■ 游戏2 ■

调动所有感官!

绘图：安东尼奥 · 雨维

乔治知道什么是神经系统了。他知道多亏了神经系统，信息才能在大脑和身体其他部位之间传递。但他却忘记了这一系列活动发生的先后顺序。

A. 帮助乔治给下列五个步骤排序：

第一步 •　　　• a. 随后，大脑通过神经传导电流将指令发送给肌肉。

第二步 •　　　• b. 我们的五种感官（听觉、视觉、嗅觉、触觉和味觉）感知到某种信息。

第三步 •　　　• c. 肌肉根据收到的大脑指令做出反应。

第四步 •　　　• d. 这种感知变成电流，通过被称为神经的通道上传至大脑。

第五步 •　　　• e. 大脑对来自感官的信息进行分析。

B. 请在右页的图片中找出每种感官对应的三幅图片，并将图片序号填入下表中。乔治已经完成了第一行。

	五种感官	感知的信息	引起的肌肉运动
嗅觉	1	9	12
视觉			
听觉			
味觉			
触觉			

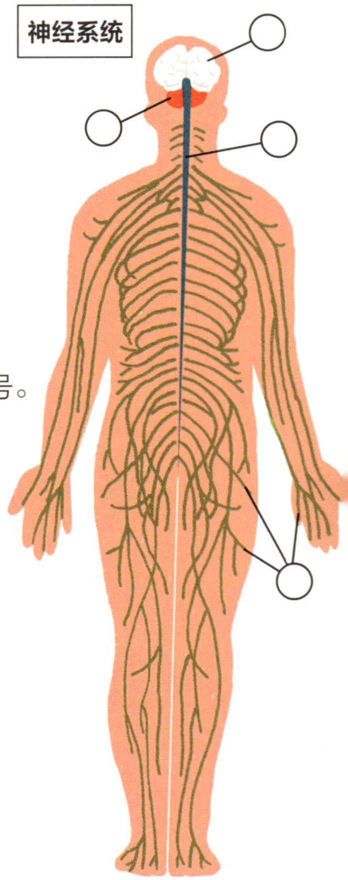

C. 现在，请在文字描述的帮助下，在右边的神经系统示意图上标注对应的序号。

说明文字：

1.脊髓： 脊髓看上去就像一根从脑部延伸出去的又粗又长的带子。它住在椎管里。有的神经可与脊髓直接相连，因此脊髓能将它们的信息传达给大脑。

2.小脑： 位于大脑下方，在平衡和运动方面扮演着重要角色。

3.神经： 长得像细细的线，神经系统协调人体内各系统的功能活动。

4.大脑： 被颅骨所保护，大脑皮质是神经系统最高级的部分和进行思维活动的地方。

五种感官

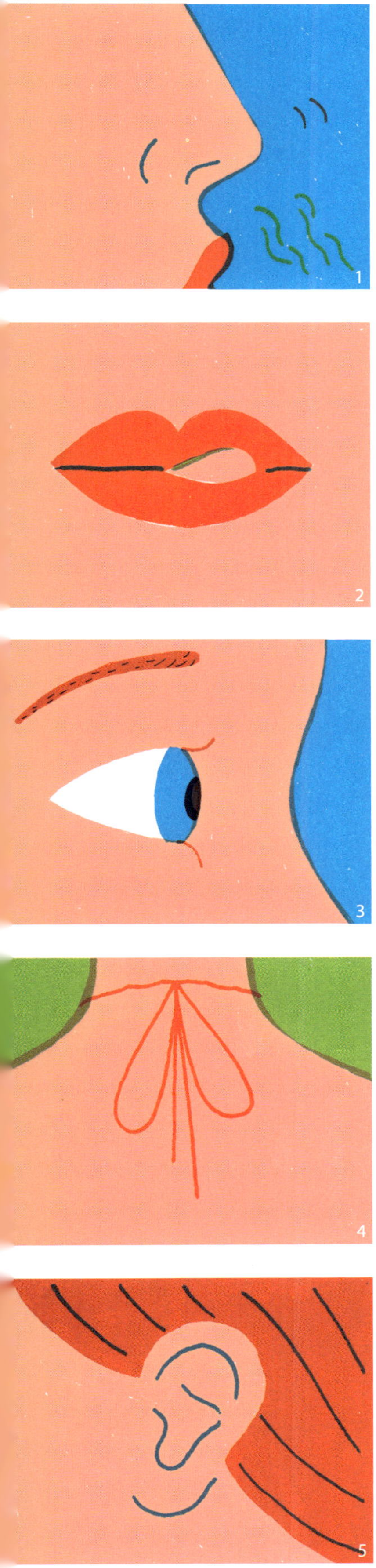

感知的信息

引起的肌肉运动

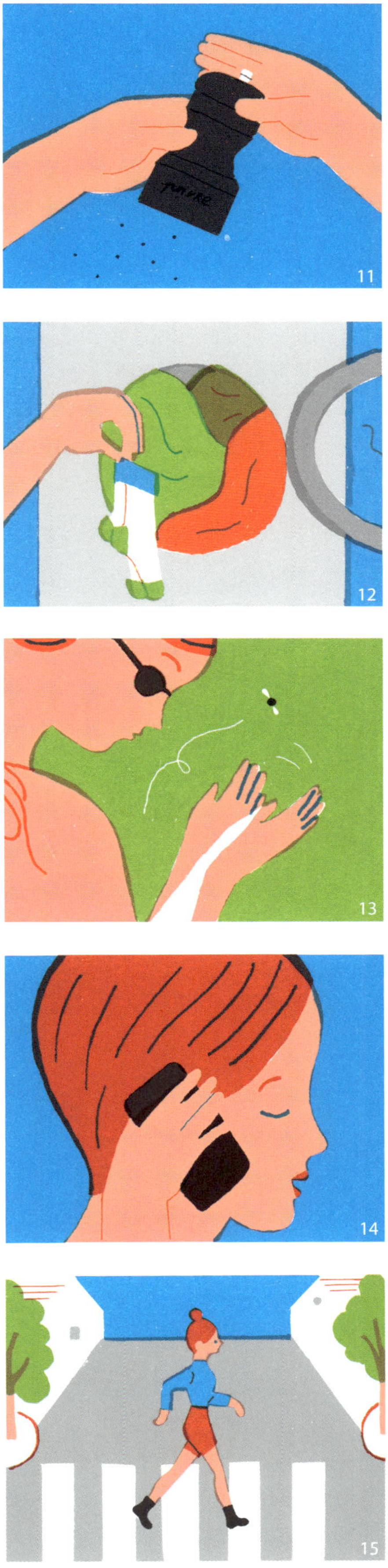

■ 游戏3 ■

测测记忆力

我们的大脑容易记住有趣的或不寻常的信息，忘掉不太重要的信息。

A. 右侧是今天发生在乔治身上的各种事件的清单。请模仿大脑的工作，根据下列要求给信息分类。

容易记住的事件：

....

可能很快将被遗忘的事件：

....

今天：

1. 我的闹钟如同往常一样在七点半响起。
2. 浴缸里居然有一只巨大的壁虎！我害怕极了。
3. 我跟公交车司机打了招呼。
4. 我吃了一些豌豆。
5. 我抽奖抽中了一次不可思议的旅行！
6. 晚上，为了给西蒙娜一个超级大惊喜，我们在她家躲了起来！

B. 现在，我们来测测你的记忆力。请在30秒内观察下面这些词汇。然后翻到第27页，在一分钟内写出你能记住的词。（为了能更好地记忆，你可以想一想它们所指的事物的样子。）

蝴蝶	**夜晚**	**魔法**	**篮球鞋**	**树**	**千层面**
灯	**海洋**	**门**	**鸡肉**	**书**	**猫头鹰**

乔治提示：游戏的下半部分出现在第27页。

■ 游戏4 ■

叮！手工时间到了！

设计者：让-大卫·曼斯鲁

小朋友们，

一起来动手玩一玩吧！

大脑标本纸模!

所需材料：

一把剪刀、胶水。

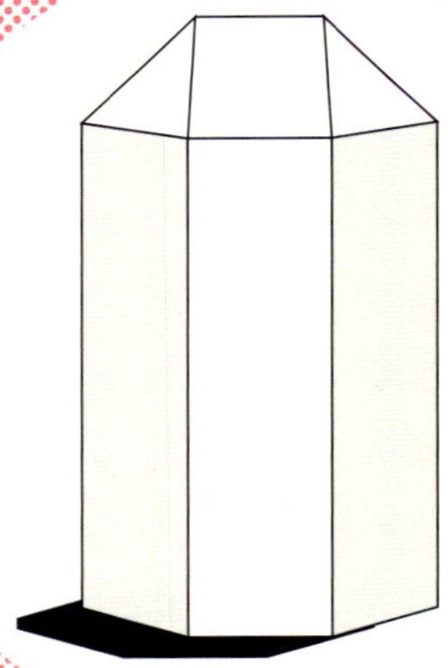

制作说明：

A．裁下下页的折纸图案。

B．在有粘贴片的一侧，将2、3、5、6、8、9和10几处沿黄线剪开。

C．在盛装标本的广口瓶下方的金属牌上写下假想的大脑标本主人的名字。

D．将所有的粘贴片向里侧折叠（从1到12）。

E．沿虚线向里侧折叠广口瓶的八个面。

F．沿虚线折叠广口瓶上部的各个部分（在背面标出，从A到I）。

G．通过粘贴完成广口瓶上部的制作：
① 粘贴片2粘在B处下方。
② 粘贴片3粘在C处下方。
③ 粘贴片5粘在D处下方。
④ 粘贴片6粘在E处下方。
⑤ 粘贴片8粘在F处下方。
⑥ 粘贴片9粘在G处下方。
⑦ 粘贴片10粘在I处下方。
⑧ 粘贴片11粘在A处下方。

H．将粘贴片12与瓶子的另一侧粘合在一起。

I．最后，在粘贴片1、4和7上涂上胶水，贴到H处下方。大脑标本纸模便制作好了。

1
2
3
4
5
6
7
8
9
10
11
12

A B C D E F G H I

小朋友们，
继续游戏吧！

(游戏3 测测记忆力)

在下方写出你记住的词（见第22页）：

C. 乔治找到了另外一个测试，想练练视觉记忆。在每组图片中，请用最快的速度找出右侧图比左侧图多出的物品。

第一组

第二组

■ 游戏5 ■

在梦中

绘图：戈马吉奥

我们平均每晚会做3～5个梦。这些梦通常都很奇怪，因为大脑中与想象力、创造力相关的区域和处理烦心事的区域在我们做梦时还在活动。

A. 上图中显示的是乔治的梦，把你认为奇怪的事物圈出来。

B. 乔治感觉以前做过相同的梦（请看右图），请你仔细观察这两幅图，找出12处不同。

#E
2E

■ 游戏6 ■

聪明的大脑！

绘图：桑德拉·纳瓦罗

除了负责思考以外，大脑还肩负着指挥身体的任务。我们有时会同时做多个动作，有些动作在我们不经意间就完成了。

A. 下页图中的人物是乔治的朋友罗贝尔塔。请在下面的选项中圈出6个她正在做且无须思考的动作（事实上由大脑支配的动作）：

a. 呼吸

b. 往正确的方向骑行（罗贝尔塔其实不认识这条路）

c. 留意周遭的小汽车

d. 眨眼

e. 想着今天的晚饭

f. 保持自行车平衡（罗贝尔塔很早以前就会骑自行车了）

g. 踩踏板

h. 消化下午茶

i. 听见路上的喧嚣

j. 叫住小狗不让它跑

B. 解密下面这篇用字谜写的短文。（每个方框里都是一个谜题。）

我们一生都在学习，我们的大脑也在不断进化！

| 一种假设 | 没有四肢的熊 | 比大还要大 | 一定的范围 | 与天相对 |

| 我们……工具 | 你正在用……思考这道题 | ，我们会变得更聪明！ |

C. 这里有一张对大脑有益的行为的清单，请画掉4个不属于该类的词。

1. 阅读
2. 运动
3. 喝水
4. 生气
5. 均衡饮食
6. 整天赖在床上
7. 学习
8. 每天看5小时电视
9. 保证睡眠
10. 不吃蔬菜
11. 笑
12. 玩耍

D. 现在，乔治建议你发挥想象力，在右图中的白色部分进行创意绘画。（比如说，你可以为罗贝尔塔的T恤设计图案，或者在窗边画上一些人物……）

■ 职业万花筒 ■

小时候，我梦想成为作家和神经科医生

采访：樊尚·雅多　绘图：斯特凡妮·拉纳

与苏菲·塔尔门的见面让乔治印象深刻。不得不提的一点是，苏菲不仅仅是神经科医生，她还出版了两本小说。

99 你小时候梦想做什么工作？

苏菲 我想当医生，因为我的爸爸是乡村医生。他的诊所就开在家里。病人来时，我总能听到门铃声。

99 你想像你爸爸那样吗？

苏菲 是的，我小时候有一个急救包，我会模仿他的样子捣鼓那些创可贴、橡皮膏和小工具。

99 那你又如何有了想成为作家的愿望呢？

苏菲 因为我喜欢看书，喜欢写故事、写诗……六岁的时候，爸爸送给我一个金色的小本子，我叫它“金皮书”。我的写作生涯就是从那时开始的。

99 在医学和写作之间你是怎么选择的？

苏菲 我的父母跟我说我可以成为医生，然后在空余时间继续写作。而反过来的话则不可能，因为想当医生必须全面投入时间和精力。所以我选择了学医。

99 你喜欢你的专业吗？

苏菲 喜欢，我从中学时代开始就对人体功能感兴趣。我很快就决定要成为研究大脑的医生。在我看来，大脑是最复杂也是最有意思的器官。

99 那么写小说是从何时开始的呢？

苏菲 从医学院毕业后，我成为一名医生。在工作之余只要一有空闲的时间，我就提笔写作。

99 神经科医生的一天是怎么度过的？

苏菲 我们照顾那些患有脑部疾病的病人。当大脑不能正常运转的时候，病人要自我恢复是很困难的。

99 从事这个职业需要哪些特质？

苏菲 需要喜欢与人沟通，还要善于倾听。

99 工作时，你最不喜欢的部分是什么？

苏菲 最辛苦的就是在夜里经常被叫醒，去医院处理紧急工作，我常常披上衣服就往医院跑。

99 什么会让你感到真正开心？

苏菲 看到病人们恢复健康。有时他们会带些礼物来看我。有一次，一个病人为了感谢我，送了我一公斤他自己花园里种的猕猴桃。

99 你的孩子们梦想从事什么职业呢？

苏菲 我的大女儿（11岁）觉得做什么都行，除了当医生（我丈夫也是医生）。我的大儿子（8岁）想成为足球队的队医。我的小儿子（5岁）想当职业足球运动员。

99 你有什么建议给那些想从事跟你一样职业的小朋友吗？

苏菲 在写作方面，需要大量阅读。在医学方面，需要不断学习，并且要有很好的记忆力。

1 2 3 4 5 6 7 8 9 0
Q W E R T Y U I O P
A S D F G H J K L
Z X C V B N M

■ **科学实验室** ■

火柴棍拼图

绘图：斯特凡妮 · 拉纳

今天的实验室，乔治为你推荐火柴棍游戏（不是玩火哟），要思考……我们有7个难题等你来解答！

所需材料：

8～24根火柴棍（你也可以尝试在纸上进行解答）。

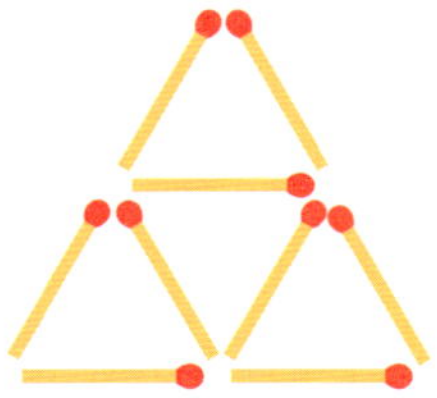

1. 移动3根火柴棍（不可拿掉），只留下两个三角形。

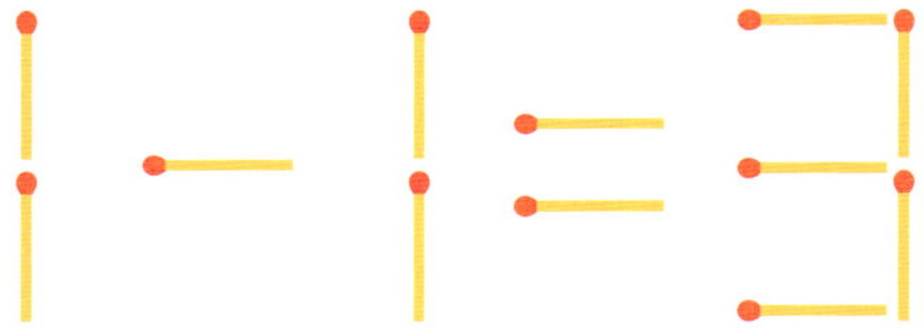

2. 增加3根火柴棍，让运算成立。

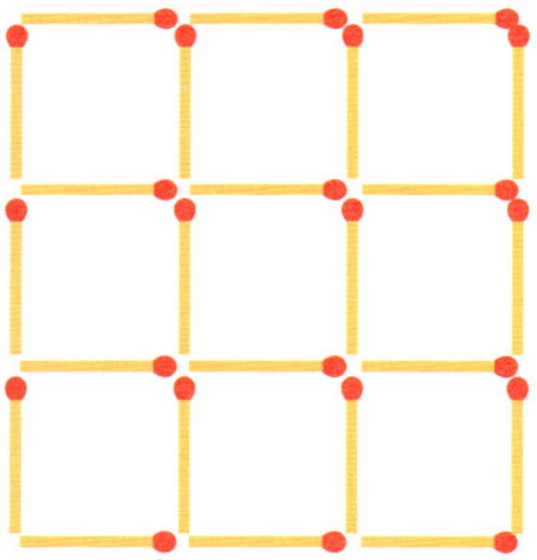

3. 拿掉8根火柴棍，构成两个正方形。

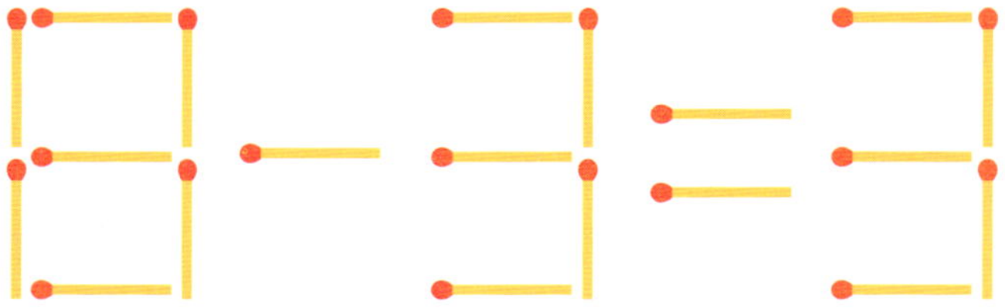

4. 移动3根火柴棍，让运算成立。

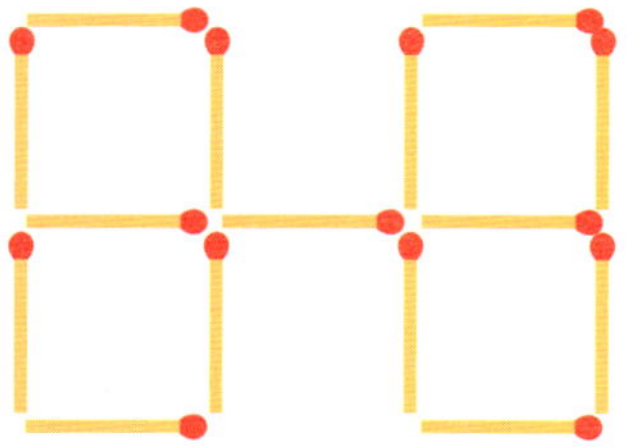

5. 移动2根火柴棍，构成五个同样大小的正方形。

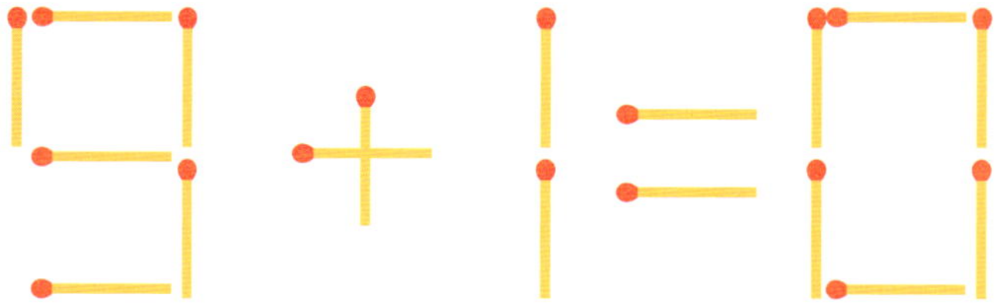

6. 移动1根火柴棍，让运算成立。

7. 移动3根火柴棍，让这条鱼的头朝右。

玛蒂尔达

绘图：斯特凡妮·拉纳

《玛蒂尔达》是罗尔德·达尔于1988年创作的一部儿童小说，后来被改编为电影。该电影由丹尼·德维托导演，1996年上映。玛蒂尔达是一个特别聪明的小姑娘，但她没有出生在好的家庭里。她的父母和兄弟庸俗又势利，而且完全不懂得欣赏她的价值。所以，在爸爸最终同意送她上学之前，玛蒂尔达只能靠读书来打发时间……

场景

玛蒂尔达的爸爸（维德布瓦先生）下班回家。他走进玛蒂尔达的房间，想看看他的包裹是不是到了。

人物

- **爸爸（维德布瓦先生）**：

通过欺骗，将维修过的坏车卖掉，除此之外，维德布瓦先生只对看电视感兴趣。

- **玛蒂尔达**：

小天才，从小就独自应付各种问题。

- **妈妈（维德布瓦夫人）**：

整天沉迷于赌博，完全不关心自己的女儿。

布景

本场景发生在维德布瓦家。最开始在玛蒂尔达的房间里，地板上散落着几本书。随后，玛蒂尔达和爸爸穿过走廊，走进父母的房间。房间里有一张梳妆台，上面放着许多化妆品。

对话

爸爸： 今天有包裹吗？

玛蒂尔达： 嗯。（玛蒂尔达坐在地上，正在看书。她的视线都没从书上移开，嘟囔着回答了一句。）

爸爸：（谈论起那些书。）这堆东西哪儿来的？（他用脚踢了踢。）

玛蒂尔达： 图书馆借的。

爸爸： 图书馆？你从来没踏进过图书馆半步，你才4岁。

玛蒂尔达： 6岁零6个月。

爸爸： 4岁！

玛蒂尔达： 6岁零6个月！

爸爸： 如果你已经6岁零6个月了，你肯定已经上学了！

玛蒂尔达： 我想上学。我已经跟你说过了。正常的话，我9月份就应该上学了。但你根本不理睬我。

爸爸： 快点起来。站起来！（他拽着玛蒂尔达的胳膊，用手拖着她。他们从房间里走出来，玛蒂尔达的另一只手里还拿着那本书。）过来。（他们到了走廊里。）把书给我。（爸爸把书扔在走廊里，然后两人走进了父母的房间。玛蒂尔达的妈妈正坐在镜子前染头发。）

爸爸： 亲爱的，玛蒂尔达几岁了？（他对妻子说话。）

妈妈：（整幕剧中她一直在染头发。）4岁。

玛蒂尔达： 我6岁零6个月了，妈妈。

妈妈： 那就算5岁吧。

玛蒂尔达： 我8月份就满6岁了！

爸爸： 你这个小骗子。

玛蒂尔达： 我想上学！！！

爸爸： 嗯，上学！（他走近镜子，拿起一个小瓶子，一边打开一边说。）别指望了。不然谁来签收包裹呢？（他往头发里喷了喷。）总不能让值钱的东西躺在门口发霉嘛。像个乖女孩一样去看电视吧。（玛蒂尔达朝房门走去。）

妈妈：（玛蒂尔达还没走出房间，她的妈妈和爸爸说话了。）你知道吗，有时我会跟自己说，这个孩子脑子少根筋……

爸爸：（还在往头发里喷。）嗯，可不止少一根……

我6岁了！
你4岁！
那就算5岁吧！

游戏答案

这就是封面和封底的7个不同之处：

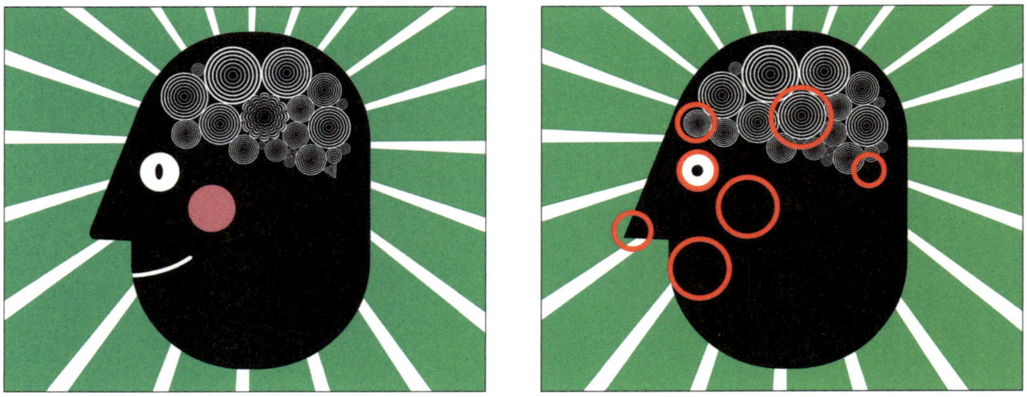

游戏1 井然有序的器官

谜题一： da nao pi ceng **谜题二：** lu gu **谜题三：** shen jing yuan **谜题四：** nao mo

B. 1. e ye **2.** ding ye **3.** nie ye **4.** zhen ye

C. a. 2 **b.** 5 **c.** 6 **d.** 4 **e.** 3 **f.** 1

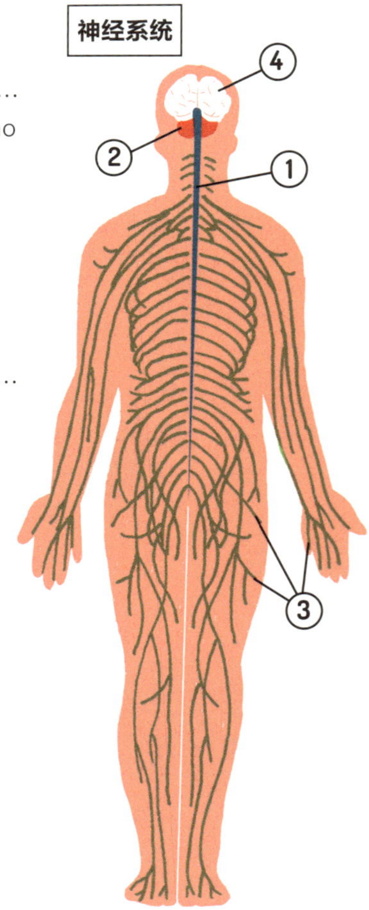

游戏2 调动所有感官！

第一步-b **第二步**-d **第三步**-e **第四步**-a **第五步**-c

B和C。见下图。

	五种感觉	感知的信息	引起的肌肉运动
嗅觉	1	9	12
视觉	3	6	15
听觉	5	7	14
味觉	2	8	11
触觉	4	10	13

游戏3 测测记忆力

A. 容易记住的事件： 2、5和6　　　**可能很快将被遗忘的事件：** 1、3和4

B. 如果你记住了超过8个词，乔治要祝贺你！如果记住的不多（少于5个），也没关系！可以试着把它们联系在一起记忆，争取记住更多。例如：一个有魔法的夜晚，我在一棵树上看到了一只穿着篮球鞋的蝴蝶。

C. 第一组：

第二组：

游戏5 在梦中

A. 出现在乔治梦中的奇怪事物有： 坐在屋顶的人、怪兽、地上方向混乱的指示标、悬空的楼梯、奶牛尾巴、打结的管子、方形的车轮、方形井盖和屋顶上的咖啡壶。也许你还看到了其他奇怪的东西？

B. 见右图。

游戏6 聪明的大脑！

A. 需要圈出**a、d、f、g、h和i**。

B. 如果能更大限度地使用大脑，我们会变得更聪明！（一种假设：如果。没有四肢的熊：能。比大还要大：更大。一定的范围：限度。与天相对：地。我们……工具：使用。你正在用……思考这道题：大脑。）

C. 4个不属于该类的词：4. 生气　6. 整天赖在床上　8. 每天看5小时电视　10. 不吃蔬菜

科学实验室 火柴棍拼图

1.

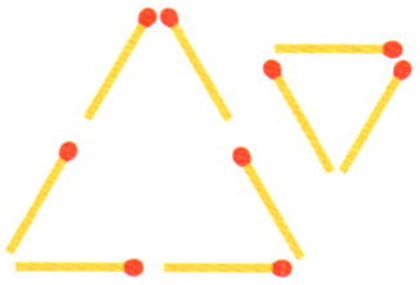

2.

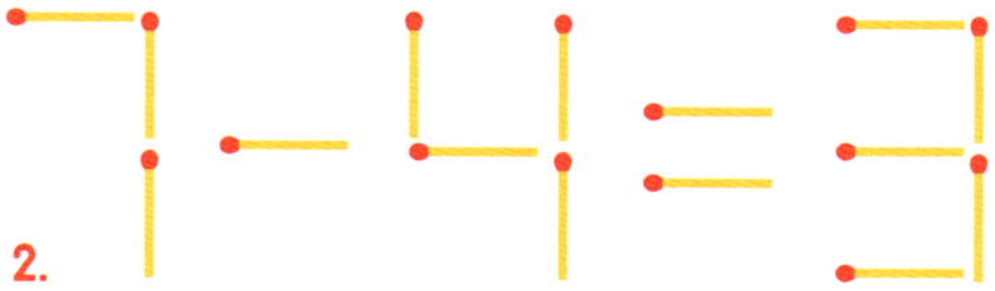

3.

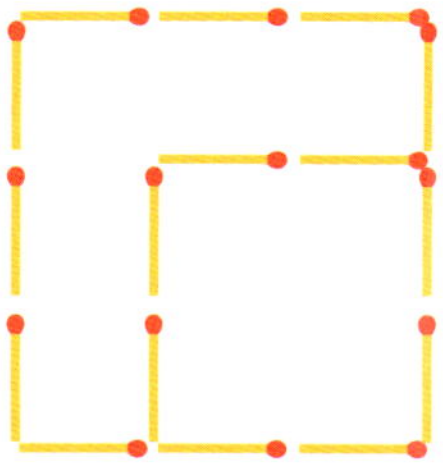

4.

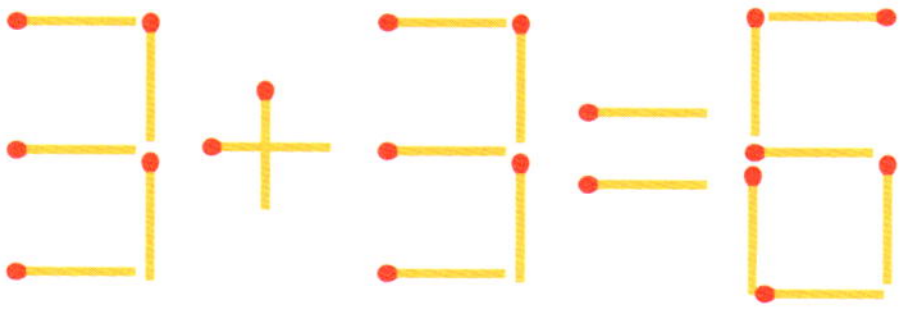

5.

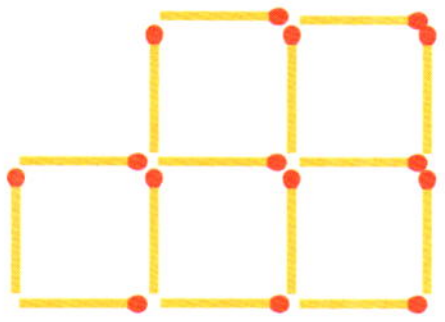

6.

7.

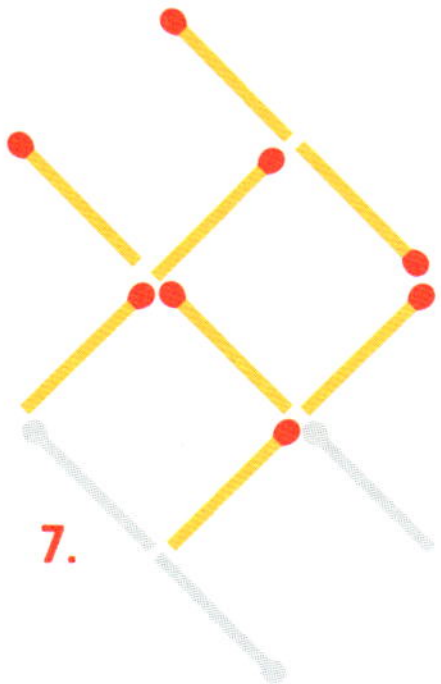

真是令人大开眼界呀！

02 沙丁鱼

[法] 安娜 — 贝内迪克特 · 施维贝尔 编　唐天红 译

中信出版集团 | 北京

图书在版编目（CIP）数据

真是令人大开眼界呀！. 02, 沙丁鱼 / (法) 安娜 - 贝内迪克特 · 施维贝尔编 ; 唐天红译 . -- 北京 : 中信出版社 , 2023.11

ISBN 978-7-5217-5850-4

Ⅰ . ①真… Ⅱ . ①安… ②唐… Ⅲ . ①科学知识 - 儿童读物②沙丁鱼属 - 儿童读物 Ⅳ . ① Z228.1 ② Q959.46-49

中国国家版本馆 CIP 数据核字（2023）第 120165 号

真是令人大开眼界呀！ 02 沙丁鱼

编　　者：[法] 安娜 - 贝内迪克特 · 施维贝尔
译　　者：唐天红
出版发行：中信出版集团股份有限公司
（北京市朝阳区东三环北路27号嘉铭中心　邮编　100020）
承 印 者：北京尚唐印刷包装有限公司

开　　本：889mm × 1194mm　1/16　　印　　张：3　　字　　数：73千字
版　　次：2023年11月第1版　　印　　次：2023年11月第1次印刷
京权图字：01-2023-1613
书　　号：ISBN 978-7-5217-5850-4
定　　价：398.00元（全20册）

出　　品：中信儿童书店
图书策划：小飞马童书
总 策 划：赵媛媛
策划编辑：张婷
责任编辑：许美琳
营　　销：中信童书营销中心
美术设计：谢佳静
内文排版：王莹